U0350892

量子的语言：
量子物理 ⑧

[加拿大] 克里斯·费里 著/绘 那彬 译

中国少年儿童新闻出版总社
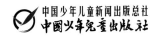
中国少年儿童出版社
北 京

作者简介 ....

克里斯·费里，80后，加拿大人。毕业于加拿大名校滑铁卢大学，取得数学物理学博士学位，研究方向为量子物理专业。读书期间，克里斯就在滑铁卢大学纳米技术研究所工作，毕业后先后在美国新墨西哥大学、澳大利亚悉尼大学和悉尼科技大学任教。至今，克里斯已经发表多篇有影响力的权威学术论文，多次代表所在学校参加国际学术会议并发表演讲，是当前越来越受人关注的量子物理学领域冉冉升起的学术新星。

同时，克里斯还是4个孩子的父亲，也是一名非常成功的少儿科普作家。2015年12月，一张Facebook（脸书）上的照片将克里斯·费里推向全球公众的视野。照片上，Facebook（脸书）创始人扎克伯格和妻子一起给刚出生没多久的女儿阅读克里斯·费里的一本物理绘本。这张照片共收获了全球上百万的赞，几万条留言和几万次的分享。这让克里斯·费里的书以及他自己都受到了前所未有的关注。

扎克伯格给女儿阅读的物理书，只是作者克里斯·费里的试水之作。2018年，克里斯·费里开始专门为中国小朋友做物理科普。他与中国少年儿童新闻出版总社全面合作，为中国小朋友创作一套学习物理知识的绘本"红袋鼠物理千千问"系列。

红袋鼠说："我已经学了有关量子物理的好多知识了！不知道克里斯博士接下来还有什么可以教我的。"

红袋鼠兴奋地说："克里斯博士！您已经把我需要知道的有关量子物理的信息都告诉我了吗？"

克里斯博士说："信息？我其实只是给你讲了些故事，而且才讲到一半。既然你说到信息了，现在我就来给你讲讲量子信息吧。"

克里斯博士说："首先，你需要知道我们是怎么来计量信息的。我们用'**位**'和'**字节**'这两个单位来计量。"

红袋鼠抢着说："这个我知道！我的平板电脑里就有好多好多字节来储存我的照片和喜欢的游戏！"

克里斯博士说："你可以把 1 位当成是 1 个 1 或 1 个 0。"

"1 位是最小的信息量，可以用来回答一个'是或否'的问题。8 位的信息就叫作 1 字节。你的平板电脑可以储存上万亿位的信息。"

10

红袋鼠问："一个原子里有多少位的信息呢，克里斯博士？"

克里斯博士笑着说："哈哈，这是一个好问题！"

克里斯博士接着说："要记录一个原子所含的信息，也就是原子的量子信息，需要许多许多位。但是，要记录这些信息只需要另外一个原子就够了。"

红袋鼠说："要那么多位呀！那记录一个分子的信息需要多少位呢，克里斯博士？"

克里斯博士说："要记录组成一个分子的所有原子的信息，需要地球上所有的平板电脑！但是如果用原子来记录，几个原子就够了。"

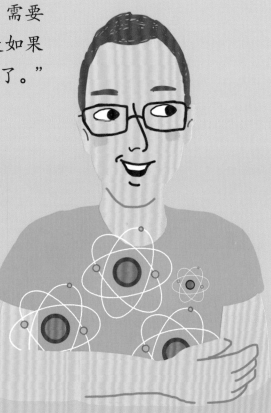

19

克里斯博士接着说："其实，量子世界里的物质，比如原子，我们是很难用语言来记录的。我们的语言只是一种转移信息的方式。"

红袋鼠提议说："那我们就
用位来表达信息吧！"

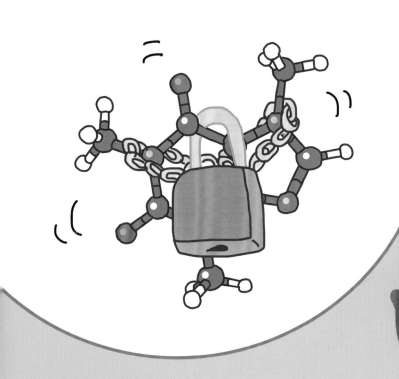

　　红袋鼠说："假设我们知道如何用位和字节来表达信息，可我们又怎么表达分子里的信息呢？分子里的位是不是都是锁住的，所以我们不知道有多少呢？"

克里斯博士说："我们可能永远不知道有些大分子里有多少位的信息。但是，我们可以用**量子位**！量子位是量子的位数。它们可以记录量子信息。"

"我们可以利用量子技术，比如量子计算机，来解决用量子位记录量子信息的问题！"

红袋鼠说："克里斯博士！听你讲完，我感觉还有一整个世界的信息我们都不知道呢。"

版权合作方： 澳大利亚米酷传媒

图书在版编目（CIP）数据

量子物理. 8，量子的语言 /（加）克里斯·费里著
绘；那彬译. — 北京：中国少年儿童出版社，2018.11
（红袋鼠物理千千问）
ISBN 978-7-5148-5058-1

Ⅰ. ①量… Ⅱ. ①克… ②那… Ⅲ. ①量子论－儿童
读物 Ⅳ. ①O413-49

中国版本图书馆CIP数据核字(2018)第225728号

审读专家：高淑梅 江南大学理学院教授，中心实验室主任

HONGDAISHU WULI QIANQIANWEN
LIANGZI DE YUYAN:LIANGZI WULI 8

出版发行 中国少年儿童新闻出版总社
中国少年儿童出版社

出 版 人：孙 柱
执行出版人：张晓楠

策 划：张 楠	审 读：林 栋 聂 冰
责任编辑：徐懿如	封面设计：马 欣
美术编辑：马 欣	美术助理：杨 璇
责任印务：任钦丽	责任校对：颜 轩

社 址：北京市朝阳区建国门外大街丙12号	邮政编码：100022
总 编 室：010-57526071	传 真：010-57526075
客 服 部：010-57526258	
网 址：www.ccppg.cn	电子邮箱：zbs@ccppg.com.cn

印 刷：北京尚唐印刷包装有限公司

开本：787mm×1092mm 1/20	印张：2
2018年11月北京第1版	2018年11月北京第1次印刷
字数：25千字	印数：10000册
ISBN 978-7-5148-5058-1	定价：25.00元

图书若有印装问题，请随时向本社印务部（010-57526183）退换。